中国人的家

小鱼科普 组编

中国水利水电出版社
www.waterpub.com.cn

· 北京 ·

图书在版编目（CIP）数据

中国人的家 / 小鱼科普组编. -- 北京 : 中国水利
水电出版社, 2021.9
ISBN 978-7-5170-9690-0

Ⅰ. ①中… Ⅱ. ①小… Ⅲ. ①民居-建筑艺术-中国
-儿童读物 Ⅳ. ①TU241.5-49

中国版本图书馆CIP数据核字(2021)第124010号

审图号：GS（2021）6816号

书　名	中国人的家 ZHONGGUOREN DE JIA
作　者	小鱼科普 组编
出版发行	中国水利水电出版社
	（北京市海淀区玉渊潭南路1号D座 100038）
	网址：www.waterpub.com.cn
	E-mail:sales@waterpub.com.cn
	（010）68367658（营销中心）
经　售	北京科水图书营销中心（零售）
	（010）88383994、63202643、68545874
	全国各地新华书店和相关出版物销售网点
印　刷	北京科信印刷有限公司
规　格	297mm×210mm 横16开 10印张（总） 90千字（总）
版　次	2021年9月第1版 2021年9月第1次印刷
总 定 价	158.00元（全两册）

内容提要

本书以尊重历史、传播文化、启迪教育为原则，选取了我国最具代表性的30个传统民居，以绘本形式，从文化、技艺、艺术、环境等多个方面予以详细介绍，并辅以相关知识，使读者可以多角度、全方位了解我国传统民居的特色与内涵，领略"中国人的家"的独特魅力与中国人民的独特智慧，为增强文化自信、传承优秀传统文化打下坚实基础。

编委会

对"家"的理解，因人因地因时不同而不同。

甲骨文字形，家，上为"宀"，下为"豕"。屋里养猪，是定居生活的标志，体现了我国古代先人对家可避风雨、食物富足的朴素理想。后来，汉字虽几经演变，但家的字形却基本延续不变，一如中国人家琐碎里始终萦绕的烟火气，一如中国人代代血脉相承的家国情愫。

家的外在，便是居所。这套书便从居所讲起，从原始到现代，从实用到艺术，从科学到文化，个中的内涵需要青少年朋友自己去揣摩和体会。

"一方水土养一方人。"我们的祖国幅员辽阔、地大物博。不同的地理环境、气候特点、江河分布，孕育了丰富多彩的地域文化，进而造就了各式各样、各具特色的中国人的家。据不完全统计，我国现存的中国人的家，也就是传统民居有近600种。

传统民居蕴含着古人与自然和谐相处的哲学，呈现着精妙的工程技艺审美，传承着中华民族优秀文化基因，寄托着中国人对家的拳拳之情。例如在内蒙古海拔高、降水少的草原地区，诞生了拆装方便、适应游牧民族生活的蒙古包；在曾经战乱四起的中原腹地，山西司马第宅院和河南康百万庄园虽相隔数千公里，却都体现了注重防御的特点；在富庶繁华的江淮流域，以安徽春满庭、浙江双美堂为代表的徽州民居更在意的是将自然山水和人工技艺充分融合，达到"天人合一"；在福建的客家人，则建造一种圆楼，所有的房间都朝向位于中心的祖堂，共同的祖先让他们凝聚在一起，荣辱与共。

我们用了三年多的时间，联合清华大学、苏州大学、中国水利水电科学研究院等单位，在全国范围内精心搜集了300余个具有代表性的传统民居和生态环境数据，进行加工整理、分类归纳、数字复原，建设了"中国人的家"网站；精选了30个典型民居，研发了"中国人的家"科普课程，走进中小学课堂和科技场馆；又通过原创手绘、VR漫游和文字讲述，给大家带来了这套《中国人的家》科普图书，分《北风》《南韵》两册。我们还特别制作了传统民居实验教具，使青少年朋友在动手搭建中，更真切感受传统民居的奇妙，更深刻体会什么是中国人的家。

　　打开这本书，就开启了中国人"家"的探索之旅。让我们一起走进《中国人的家》，让我们一起回家。

中国水利水电出版传媒集团总经理

中国水利水电出版社社长

2021年6月

目录

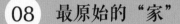 序

《中国人的家·北风》

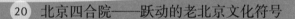

序

《中国人的家·南韵》

我们国家是一个地大物博、幅员辽阔的多民族国家，从北到南，从东到西，地质、地貌、气候、生态环境变化很大，各民族的历史背景、文化传统、生活习惯各不相同，因而形成了丰富多彩的地域文化，造就了各种各样中国人的家。古代社会的发展迟缓和交通闭塞，又使这些具有特色的家得以长期保存下来……

本册书里展示了18个南方地区具有代表性的"中国人的家"。

南方民居

保合太和宅
福建省福安市
42

东华庐
广东省梅州市
46

陈宅
台湾省澎湖县
78

朱自清故居
江苏省扬州市
10

顺裕楼
福建省漳州市
38

茶塘村2号
广东省广州市
50

船形屋
海南省琼中黎族苗族自治县
74

敬修堂
江苏省苏州市
14

清白堂
湖南省怀化市
34

潘纯昆宅
广西壮族自治区桂林市
54

大鸿米店
四川省泸州市
70

双美堂
浙江省杭州市
18

春满庭
安徽省黄山市
30

吊脚楼
贵州省黔东南苗族侗族自治州
58

一颗印孟宅
云南省昆明市
66

松风水月
浙江省温州市
22

郑公馆
浙江省宁波市
26

阿者科16号
云南省红河哈尼族彝族自治州
62

朱自清故居 ——淮左名都，竹西佳处

朱自清故居建于晚清，现位于江苏省扬州市旧城东部安乐巷。扬州古城的城市规模在唐代达到鼎盛，是淮南道首府。采用唐朝典型的规划布局，棋盘式的街巷四通八达，街区方正，严整有序。

近代著名散文家、诗人、学者、民主战士朱自清先生，自幼随父辈迁居扬州，在这里度过了童年和少年时光，并以"扬州人"自居，养成了"整饬而温和、庄重而矜持"的文人气质。

分布区域：江苏省扬州市
材料结构：砖石木结构
建成年代：清代
主要特点：南北杂糅，朴素庄重

朱自清故居是一座简朴的天井式民居，宅院坐北朝南，占地面积约有 480 平方米。同扬州旧城中许多民居一样，故居平面非常方正，墙体厚实，具有一定北方合院民居的特点，但院落组合与景观布局，又体现出苏州民居的特色。

朱自清的父辈虽有官职，居所仍十分朴素，与扬州盐商、士绅的奢华府邸迥然不同。

故居西路第一进，是扬州民居典型的6间两厢型院落。

6间=倒座房1间+厢房2间+正房3间

故居西路的第二进，也是整栋住宅最重要的空间。北侧正房三开间，当心间为上堂，是礼仪性空间，左右次间为卧室，当年是朱自清父母与妹妹居住的地方。天井西侧接一敞厢，东侧则布置了花坛树木。

卧室　上堂　卧室

北

西路

东路

厢房

倒座房

一进

厢房

正房

敞厢

二进

正房

主入口

次入口

这里是人们缅怀这位极具民族气节的文人的最佳去处。

据说这里便是常年在外的朱自清与夫人，回乡小住时使用的书房和卧室。

屏风墙一般用于沿街的东西墙，或东西路院落间的隔墙。屏风墙与徽派民居的马头墙类似，有防火作用，但造型简单，墙头平直，不像马头墙那样翘起来。

硬山墙是中部房屋的山墙，简洁明朗，与层层叠叠的屏风墙形成对比，为立面增添了韵律感，更衬托出北侧正房的重要性。并体现了南北方的建筑文化技艺在扬州的碰撞融汇，形成了南北杂糅、徽苏并举的独特风貌。

在这座朴素却不普通的宅院中，朱自清完成了《背影》《荷塘月色》等作品。倘若在桂花尚未落尽的深秋，造访先生的故居，一人独立庭院中，一定会有这样的感叹：
微风过处，
送来缕缕清香，
仿佛远处高楼上渺茫的歌声似的。

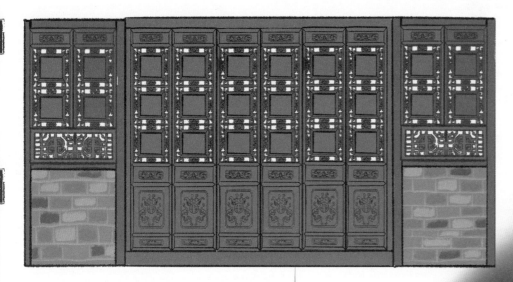

围绕天井的内部墙面，采用大量深木色的槅扇门窗。扬州民居天井较为宽敞，居室视线通透，窗明几净，木色与青灰色的墙面色彩和谐，符合文人的清雅审美。

敬修堂
——美哉轮奂构华堂

敬修堂位于江苏省东南部的"人间天堂"苏州市东村，西抱太湖、北依长江。东村有一条贯穿东西的弧形主路，民居院落沿着道路向南北伸展，呈鱼骨状分布。东村有文字记载的历史，可追溯至南宋，南宋宝祐二年（1254年），徐姓始祖迁徙至此，徐家于清乾隆十七年（1752年）修建的东村敬修堂，是现存村中保存最为完好的一幢民居，也是规模最大的。

分布区域：江苏省苏州市
材料结构：土木石结构
建成年代：清代
主要特点：规模庞大，精美完整

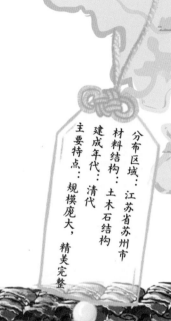

魅力姑苏，雅韵江南

【昆曲】
坛近300年。中叶以来独领中国剧坛走向全国，自明代苏州昆山，后经改良昆曲发源于14世纪的是戏曲艺术中的珍品，中最古老的剧种之一，昆曲是汉族传统戏曲。

【苏绣】
浓郁。独特风格，地方特色法活泼、色彩清雅的巧妙、绣工细致、针具有图案秀丽、构思四大名绣之一。苏绣产品的总称，是我国苏绣为苏州地区刺绣。

【状元府邸】
土壤和空气中。开来，布满在苏州的府邸将文人气息弥漫元府邸有多处，这些之首。苏州现存的状约60位状元，为全国苏州从古至今，出过

敬修堂位于村庄西部，坐北朝南面对村道，正面是高耸的界墙。主宅院占地近2000平方米，共有五进。

中轴线的主要建筑分别为：第一进茶厅，也被称为轿厅，是停放轿子、下人休息之地；第二进前堂，用于接待一般客人；第三进中堂，即敬修堂，用于接待贵客；第四进内宅，为主人居住之地；第五进上堂，用作厨房、仓库及佣人居住。

影视剧《橘子红了》《凤穿牡丹》《凤雨雕花楼》等，均在敬修堂取景。

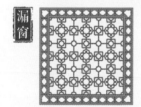

功崇业广

第三、四进隔墙上的门楼，南侧门额用正楷书写"功崇业广"四字。一路走来，从希冀振兴祖业的"堂构维新"，到承袭祖德的"世德作求"，再到功成名就的"功崇业广"，可以品读出徐氏儒商积极入世的家族观念。

世德作求

第三进的细砖门楼，门额改为篆书，题"世德作求"四字。院落在几进中最为宽阔，通过长条石铺砌的漫道，便是中堂敬修堂，是整组院落最重要的建筑。

漏窗

匾额

院墙上隶书"堂构维新"四字匾额。

新维构堂

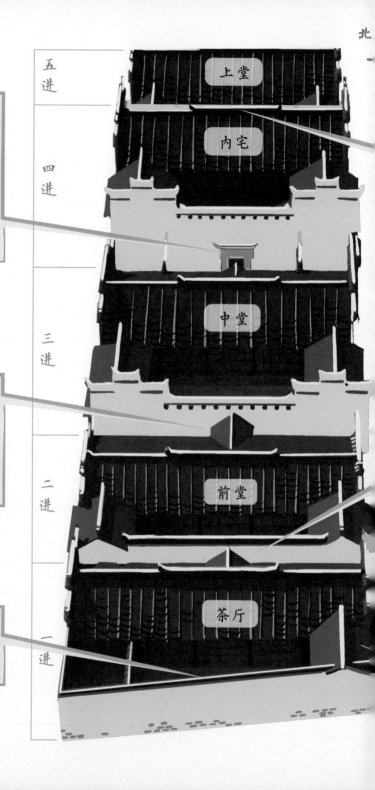

五进　上堂

四进　内宅

三进　中堂

二进　前堂

一进　茶厅

16

门楼朝向第四进内宅，北侧门额行书"美哉轮奂"。字态秀逸，语出宋代诗人赵师吕的《过山阴希瑾侄新居》，诗句与徐氏营造宅邸的匠心也十分契合：美哉轮奂构华堂，如鸟飞兮接大荒。广植门墙千古秀，月中仙桂万年芳。象贤应拟家声振，缮德还期国运长。端是吾宗能厚积，故生麟凤兆祯祥。

刻缋连云

位于敬修堂第四进的内宅，名为"凤栖楼"。五间两厢，都是两层楼房，建筑以整洁实用为主。楼下有一排精美落地长窗，共12扇，雕有代表12个月份不同形状的龙，或盘或踞，或飞或腾，十分少见，既有粗犷豪放的写意，又有精致细密的工笔，富有情趣，令人回味无穷。

刻缋连云

在第二进天井南望，可欣赏第一进后墙上的细砖门楼。这座门楼砖雕极为华美，门楣为深浮雕"卷云海浪隐鱼龙"纹样，门额上题"刻缋连云"隶书四字，门额两旁及其上砖枋，均有人物故事浮雕，刀法精湛，立体生动。

仪门

仪门面阔仅一间，但规□较高，下有青石门枕石，□有四颗雕饰精美的木质门□，走过仪门，便是主宅院□第一进。

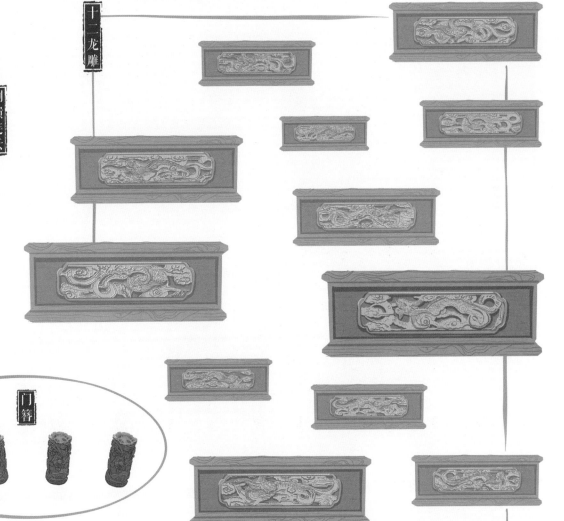

十二龙雕

门簪

中堂是家庭最重要的公共空间，婚嫁、寿诞、节庆、处理家事等都在这里进行。

双美堂

双美堂
——书香之家

双美堂位于浙江省建德市大慈岩镇新叶古村，新叶村始建于南宋嘉定十二年（1219年），是以叶姓为主的血缘村落，至今已有800年历史，村中古巷、古祠、古塔、古民居大都完整保存，被称为中国最大的明清古民居建筑露天博物馆。

分布区域：浙江省建德市
材料结构：砖木结构
建成年代：民国时期
主要特点：四水归堂，耕读传家

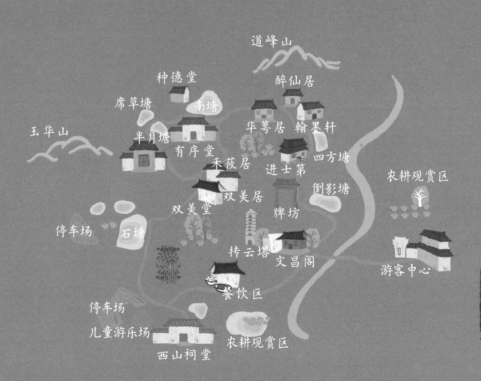

道峰山

种德堂

醉仙居

席草塘
南塘

华莘居　翰墨轩

玉华山

半月塘

四方塘

有序堂

禾莜居

进士第

双美居

倒影塘

农耕观赏区

双美堂

牌坊

停车场
石塘

抟云塔　文昌阁

游客中心

餐饮区

停车场

儿童游乐场

西山祠堂

农耕观赏区

新叶古村

双美堂建于民国初年，主人叶凤朝是民国初期村中七大乡绅之一。双美堂坐南面北，是典型徽派建筑。住宅前有庭院，后有花园，由一个两层四合院、一个两层三合院和厨房组成。

后院有一个小门，供家人出入。

封建社会中男女授受不亲，千金小姐每天生活在闺楼上，后花园是她们主要的活动场所。

四合院

三合院

正房大门采用大石条砌筑边框，门额上题有"耕读传家"四字，寓意学会耕田种地，读懂圣贤书籍，才能安身立命，养家糊口。

正对

后院有一"美人靠"，顾名思义，它是供女子们坐靠的长椅。出阁的闺女、年轻媳妇们，常在美人靠上，倚栏临池做女红。

院内青砖铺地，北侧白粉墙上，用墨绘有连续的"卍"字纹样，正中嵌绘"福"字，寓意"和谐永恒"。图案正对正房大门，寓意"出门见福"。

福字墙下用青石栏板围起一方水池，蓄水养鱼，优雅宁静。

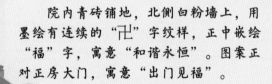

双美堂住宅的正门朝西北开，八字大门。中国传统文化里，左（西）青龙右（东）白虎，上（北）朱雀下（南）玄武，院门开在西北，是青龙所在的位置，寓意人丁兴旺。

"四水归堂"的寓意普遍存在于徽派建筑中。双美堂天井的设计体现了"四水归堂"的理念。屋檐让雨水汇聚到中央，雨水顺着天井四角的竹管流入地面的池里。池子里的水既是一处景观，又可以用来救火。

水在南方意味着"财"与"才"，当地人认为留住了水，农业、村庄、人才、家族才可能不断发展，蒸蒸日上。

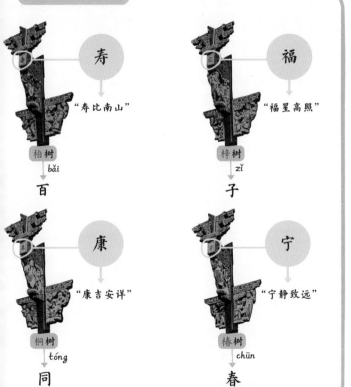

四水归堂

中堂四古柱

寿
"寿比南山"
柏树 bǎi
百

福
"福星高照"
梓树 zǐ
子

康
"康吉安详"
桐树 tóng
同

宁
"宁静致远"
椿树 chūn
春

马头墙

马头墙是徽派民居中极具特色的建筑造型。明代时期，徽州村落民居布局特别紧密，且多为木质结构。如有大风，只要一户人家发生火灾，火势马上就会连成片，并殃及周围住宅。火苗最容易从墙头向外蔓延，只要加高墙头，就能阻止火势扩散。这就是马头墙的由来。

马是一种民间吉祥动物，富有想象力的工匠们在建造房屋时对防火墙进行了美化装饰，使其造型如高昂的马头。高低起伏的马头墙，也给人一种"万马奔腾"的动感，同时也隐喻家族兴旺发达。

新叶昆曲

型代表。

走向民间俗文化的典

是昆曲从文人雅文化

德市新叶村的一脉'

昆曲流传并遗存在建

新叶昆曲是清末金华

三月三

节日。

于中秋、春节等传统

和热闹程度都要远胜

氏族人心目中的地位

的祭祖典礼，其在叶

新叶村都会举行盛大

每年的农历三月三，

21

松风水月

—— 松涛清风，流水明月

松风水月住宅位于浙江省温州市永嘉县埭头村。这个古村落是个建筑匠人的专业村，匠师们个个身手不凡，富有创造性。松风水月古宅历史悠久，与自然山水融为一体，散发着传统农业文明的特色，达到了山水文化与乡土建筑的高度结合，耕读文化与宗族文化的相互交融，造就了人类生活与自然环境的无限默契。

分布区域：浙江省温州市
材料结构：土木石竹结构
建成年代：元代
主要特点：融于自然

松风水月住宅是一座七开间的长条形建筑，坐北朝南，背后山冈上有高大的松林和茂密的竹林相拥。

住宅主人喜松涛清风、流水明月，便将宅名取为"松风水月"。体现了主人对大自然的热爱，是古代"士"这个知识分子阶层陶冶性情的体现。

此门与住宅平行，较为高大，有屋脊，看来是门的正面，但门洞外却下临碧水池塘，不能出入。在门洞临水一边设有美人靠坐凳，是一个赏景佳处。

北

村内有名的华祝祠位于松风水月宅隔壁，本是松风水月的家祠，如今成了陈列馆。

华祝祠

水池外是道路，临池走来，首先入眼的是一幅水静天高优然景致，住宅的大门就在水池的一端。

宅前庭院之外，有一个与宅子等宽的大水池，将远山的黛翠、夕霞余晖、十五月圆一一映入，诗画怡情。

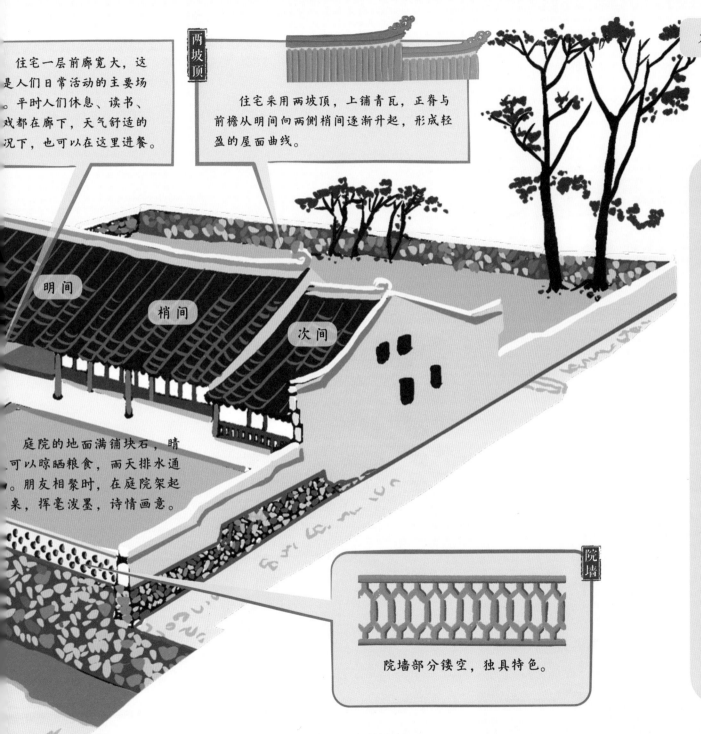

住宅一层前廊宽大，这是人们日常活动的主要场。平时人们休息、读书、戏都在廊下，天气舒适的况下，也可以在这里进餐。

两坡顶

住宅采用两坡顶，上铺青瓦，正脊与前檐从明间向两侧梢间逐渐升起，形成轻盈的屋面曲线。

明间

梢间

次间

庭院的地面满铺块石，晴可以晾晒粮食，雨天排水通。朋友相聚时，在庭院架起桌，挥毫泼墨，诗情画意。

院墙

院墙部分镂空，独具特色。

放大镜

楠溪江地区的勾头和滴水瓦十分别致，勾头宽大，做出弧形造型，滴水瓦雕花，一块块地垂在檐口下，上面烧制出福寿文字、狮子虎头、瑞草祥云等纹样，为檐口和山墙的木构件遮风蔽雨，功能性、装饰性都很强。

滴水瓦

勾头

我是勾头~

我是滴水瓦~

郑公馆

——七山二水一分田

分布区域：浙江省宁波市象山县
材料结构：砖石木结构
建成年代：清代
主要特点：历经沧桑，中西混搭风格

郑公馆位于石浦古镇，隶属于舟山群岛南侧的浙江省宁波市象山县。整个象山半岛绝大部分是山，可谓"七山二水一分田"，山的周围是海，石浦古镇就位于半岛东南端一小片平原上。

郑公馆是当地一座颇具特色的两层民居，虽然在如今两层楼为主的街巷中，并不显眼，但在当年却因此让它的第一任主人丢掉了官位。郑公馆的建造时间可追溯到清代，主人是一名叫郑碧山的军官。在鸦片战争之后，沿海地区治安混乱，石浦古镇驻扎兵营以保障当地安全。当时因部下怂恿，郑碧山私自占用了营房，并在右侧盖起了楼房，这就是当时郑公馆的由来。

现存的郑公馆只有一进院落，主体建筑是一座三开间双坡硬山顶的二层小楼，进深约10米，面阔约12.6米，坐西朝东。庭院不大，地面由大块方砖铺就而成。

如今已无法考证，当年的郑公馆主体建筑是否更为宏丽。

凹廊的木槅扇门，已经不见踪影，中厅直接与庭院联通。

临着街巷的一侧院墙体略向南收，面向东北方。

墙上开设院门微微朝向东北方，没有正对着外部道路。从入口石阶拾级而上，青砖院墙上的白色灰泥已经斑驳，大门上暗红色的雀替雕刻流畅，纹样雅致。门楣上抹灰堆塑的匾额，具有乡土气息。

北

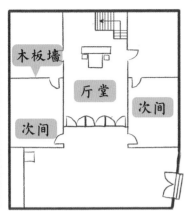

郑公馆共两层，两层间用窄且陡的楼梯连接。

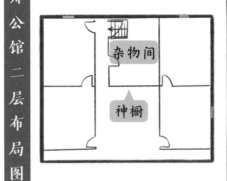

郑公馆二层布局图

尽管郑公馆的建筑年代较早，却已经体现出了较强的西洋风格，比如，运用了类似于罗马柱的栏杆。

罗马柱

厅堂两侧为次间，在中柱位置，设有一道带门的木板墙，将次间分成前后两间卧室，可以单独或联通起来使用。

中间杂物间和正脊下方，还设置了一个神橱，依照当地习俗，没有家祠的住户可在此供奉先祖或各种佛像。

神橱

走道的墙上，挂着各种竹编的篮子、笪箩之类，是南方地区最常见的生活器具。

沿海地区人们对脊檩有着特殊的崇拜。当地渔民甚至会将脊檩视为龙，所以有些住宅会直接用鲸鱼肋骨做檩条。

脊檩

春满庭

——一幅清雅舒展的水墨画卷

春满庭位于安徽省黟县盆地西侧的关麓村，这里环境优越、秀美宜人。武陵溪逶迤流过，浇灌着大片良田，春天殷殷桃花满山遍野，不禁让人想起陶渊明的《桃花源记》，于是黟县便有了"小桃园"的美誉。

关麓村的老建筑鳞次栉比，错落有致。村中一座座精美的住宅，各自独门独户，却又相连相通。走在街上，时时听得孩子们的琅琅读书声，一派浓郁的文化气息。关麓村多数住宅都建有家塾、书屋，并与住宅相连，连宅名、门额也多出自古代的诗文。

分布区域：安徽省黄山市
材料结构：砖木结构
建成年代：清代
主要特点：书香门第，装饰华丽

30

放大镜

　　乾隆时期，汪姓家族的汪昭敦所生的八子，依序为令鎏、令铎、令鋹、令钰、令镰、令钟、令録、令鍠，初期均在老屋春满庭居住，后大都外出经商，经商有成后衣锦还乡建设乡里，纷纷建起华丽的大宅院，形成了现在的关麓村的主体。

春满庭是关麓村保留的最早的住宅，其他几兄弟的住宅都以它为中心建造，是典型的大四合屋住宅，大致坐西朝东。住宅中的上房（正房）高于下房（倒座房），表示居住者的尊卑之分，称为步步高，以祈吉祥。春日岗上桃红柳绿，鸟语花香，映入满庭祥和，故名"春满庭"。

北

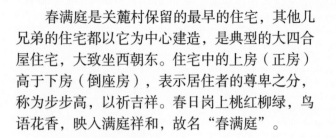

夹层粮仓

马头墙

春满庭住宅与其他住宅相邻近，为了避免失火殃及无辜，每幢建筑都做封火山墙，形状一叠一叠向上到最高处，如一个个昂首翘起的马头，人们形象的称它为马头墙。

厨房

正房

大门

厕所

八字大门朝东开，进入前院左侧是简洁的三间两厢的厨房，右侧是厕所，这一厨一厕都有面对前院的石花窗。

住宅为上下两层，建筑高敞，下层以待客及居住为主，二层偶有居住，主要用作储藏；在两层之间有一个夹层作为粮仓，夹层之上是二楼。

锦鳞

春满庭住宅内的装修很讲究，凡有出挑的建筑构件，大梁、元宝梁、枋子、牛腿上均有沥粉贴金，廊子的轩顶上绘画着一条条游弋的锦鲤，衬底为吉祥的万字纹样。

花窗

母婴图

卧室空间相对小，但装点精细，饰以吉祥彩绘和历史故事。窗内侧的窗扇及橙板上，还绘有亲昵温馨的母婴图或婴戏图。

与华丽的装饰相配的是家具和陈设，太师壁正中是福寿禄内容的中堂画，两边是条幅。前面家具正中摆放条案、八仙桌，左右各一把太师椅，条案上置掸瓶、座钟、装饰性的小屏风、帽盒等，两边靠板壁摆三把太师椅和两个茶几，家具的设置与厅堂雕饰色彩风格一致，称为"一堂家具"。

一堂家具

卧室彩绘

清白堂

——文人志士，家国情怀

　　清白堂位于湖南省怀化市会同县高椅村，始建于清代乾隆十二年（1747年），原为私人住宅。嘉庆末年，房主人杨盛文将宅子改为学馆。民国时期高椅村办起新式小学后，清白堂才又恢复为居住建筑。清白堂虽两侧有高大封闭的马头墙，但是建筑仍旧纤巧华丽，通透开敞。

分布区域：湖南省怀化市

民居结构：砖木结构

建成年代：清代

主要特点：方如印章，纤巧精致

傩堂戏

神秘的民族民间原始艺术。口授流传下来的古老古朴而傩堂戏是侗族世世代代身传

34

渡轮田

巫水河畔原有一渡口，名为"渡轮田"，是高椅村的前身。

苗族

侗族

这里居住着少数苗族人和侗族人。

后经过历史上几次"衣冠南渡"以及宋朝的"戍边落籍"政策，汉人不断移居至此。经过上百年的交流融合，逐渐成为汉、苗、侗和谐共处的多民族村落。

汉族

杨 黄 伍 明 张 马

高椅村

高椅村现在以杨、黄、伍、明、张和马姓居民为主，被称为"六大姓"。

清白堂为一座单进三开间两层楼房屋，坐北朝南。

院墙与宅前小路平行，围合成一不规则小院。两侧山墙高大封闭，饰以跌落的马头墙，颇具气势。纤巧精致的外立面之上覆以硕大的灰瓦屋顶，更添一分庄重稳定。

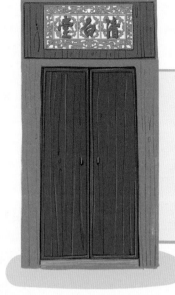

道劲的"清白堂"三字匾额高悬于一层当心间的门楣之上，其下为双扇大门。

北

屋顶

山墙

木樘板

木樘板置于清白堂内，樘板之上张贴大红纸，写有"天地国亲师"。因此，也被称为"香火壁"。前面摆有条案，上面摆放供奉所需的红烛香火。再前面摆有方桌，待客所用。

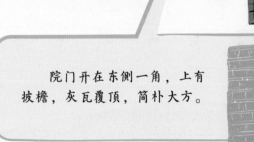

大门

院门开在东侧一角，上有披檐，灰瓦覆顶，简朴大方。

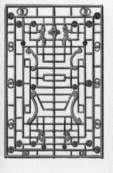

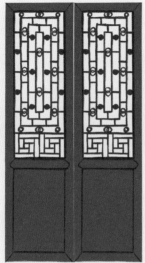

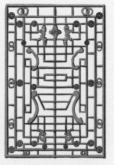

当心间正中辟对开槅扇门，样式简洁。两侧为精美槅扇窗，纹样疏朗。

当心间窗扇　**当心间门扇**

放大镜

清白堂的先人以杨震为榜样，恪守祖训"清清白白做人，清清白白为官"，所以将宅子取名为"清白堂"。

贯通整个二层的出挑前廊，仿佛出挑的木质阳台，封闭的栏板上满刻回字形纹样，华美而醒目。

出挑前廊

历史人物课堂

杨震

杨震是东汉中期著名学者，也是清正廉明的名相。他才学过人，廉洁奉公，事迹被历代人们传诵，他被后人誉为"四知宰相"。

两次间均为格扇花窗，纹样繁复、精致华美，使得二层立面整体玲珑通透，通敞明亮。

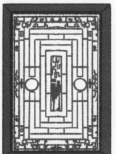

清白堂立面图

次间　当心间　次间

次间窗扇

一层左右两次间以木槛板封闭，在上部装有小巧精致的槅扇窗，既可通风采光，又起到锦上添花的装饰作用。

次间门扇　**次间窗扇**

观看科普视频
聆听绘本音频
欣赏高清图片

四菜一汤

南靖，古称兰水县，置县于元至治二年（1322年）。南靖现存土楼 15000 多座，有"土楼王国"美誉。南靖田螺坑土楼群是福建土楼的标志性景观，由方形的步云楼，圆形的振昌楼、瑞云楼、和昌楼和椭圆形的文昌楼组成，俗称"四菜一汤"。

田螺坑土楼群

38

顺裕楼

——地上盛开的巨大蘑菇

　　顺裕楼位于福建省漳州市南靖县书洋镇的石桥村，是福建土楼中规模最大的一座。顺裕楼采用黄土夯筑墙体，厚重而坚固，防御性极强。

分布区域：福建省漳州市

材料结构：土木石结构

建成年代：民国时期

主要特点：家族群居，规模庞大

放大镜

方形

五角形

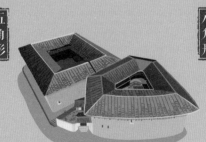

八角形

　　自西晋末年至南宋时，相继有中原一带百姓因为战乱、饥荒，辗转千里，迁居至福建、广东、江西三省交界处，形成了我国历史上独特的客家体系。客家人在这片新的土地上需要面对山区野兽出没、原住民攻击、盗匪掠夺等困扰，于是他们选择聚居在一起，团结互助、共渡难关，因而建造出了既有相对独立空间又便于共同生活的建筑形式——土楼。客家土楼形式多样，有圆形、方形、五角形、八角形等多种类型，其中以圆形最引人注目，应用也最为广泛。

顺裕楼建于1937年，占地面积约5800平方米，相当于14个篮球场那么大。顺裕楼远远看起来像是一朵生长在山上的蘑菇。走近后，巨大的体量感和夯实的外表让人敬而生畏。

院落中的空间是楼内公共活动和议事场所。每逢初一、十五或红白喜事，都会在这里举行仪式并设宴。

外圈
72间／层
288间／4层

内圈
80间
内圈因经费问题中途停工，仅完成四分之一。

北

电影《大鱼海棠》中场景

这里曾是影片《大鱼海棠》的取景原型哦！

庙堂
院落中间有一独立的单开间庙堂，坐北朝南，正对顺裕楼大门。

正门

全楼开三个门，朝南开的为正门，正门上书有"顺裕楼"三个大字，为赵体书，劲健秀美。门额为一块石雕，左右石刻对联为："顺时纳祜，裕后光前"，横批为："三多九如"。

楼 裕 顺
三 多 九 如
门盘尔落
裕後光前
香恩
盎然
南国建筑如
日月艺海秀
顺时纳祜

土楼的建造需要经过反复的夯筑，才能筑起有如钢筋混凝土似的土墙，再加上外面抹了一层御风雨剥蚀的石灰，因而坚固异常，具有良好的防风抗震能力。

土楼内部房屋采用标准间，按梁架分间，上下四层为一个居住单元，规格大小相同。

3

土墙的原料以当地黏质红土为主，掺入适量小石子和石灰，经反复捣碎拌匀，做成"熟土"。然后在关键部位掺入适量糯米饭、红糖，增加黏性。夯筑时，要往土墙中间埋入杉木枝条或竹片为"墙骨"，以增加其拉力。

2

用石块和灰浆砌筑起墙基。

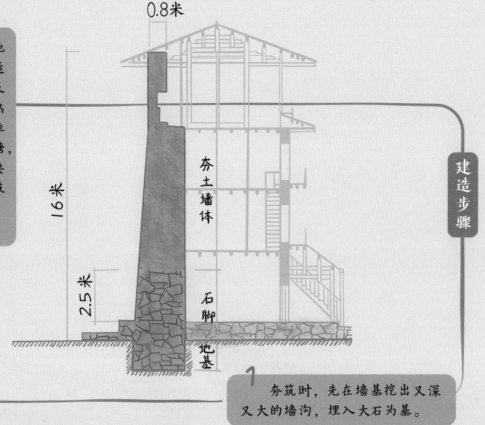

0.8米

16米

2.5米

夯土墙体

石脚

地基

建造步骤

1

夯筑时，先在墙基挖出又深又大的墙沟，埋入大石为基。

舞龙

最多时顺裕楼居住着900多口人，每逢年节、婚丧嫁娶、生辰寿诞，会在此举行盛大的民俗活动，舞龙，闹元宵。

晾谷物

由于楼内场地宽大，每年秋收，人们会在院内晾晒谷物，阳光下灿灿耀眼，洋溢着收获的喜悦与幸福。

四层
储物区域
晚辈卧室

三层
卧室区域
木板隔断
视野开阔
舒适宜居

二层
公共交通
粮仓区域
木构通廊
高高门槛

一层
厨房兼客厅
阖家团聚
举架最高

41

保合太和宅

——藏于深山，室静兰香

分布区域：福建省福安市

材料结构：砖木结构

建成年代：清代

主要特点：修身传家、气宇轩昂

　　楼下村位于福建省北部福安市柄溪镇，背靠着小盆地南侧的山体边缘，东北的鲤屿山是第一层案山，鸿雁山则是第二层案山。保合太和宅是村落中典型的大型住宅，之所以叫这个名字，是因为建筑厅堂中挂着"保合太和"的横匾。

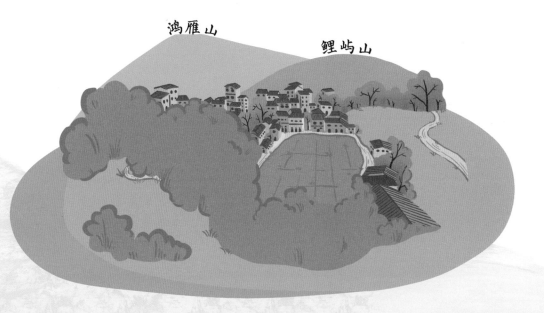

鸿雁山　　　　　　　　　鲤屿山

保合太和宅总面积约为1100平方米，坐北朝南。建筑主体部分很大，有五开间，一共三层。以厅堂为中心，布局对称，大门、二门、天井、廊庑、大厅堂顺序排列，气宇轩昂。整个建筑墙面黄白相间，屋顶灰瓦层层叠叠，很是壮观。建筑整体为木质结构，且大多暴露在建筑立面之外，因此，在建造时用料考究、制作精美。

北

保合太和宅是村中典型的大型合院住宅。

山墙有火焰形装饰，叫做"观音兜"。因为靠海，建筑构件的造型往往与海洋相关。

观音兜

正如宅院大门旁"此处文峰容笔架，吾家事业本传经"对联所写，村中的先祖们希望自己的后代知书达理，并一代代传承下去。

大宅主体部分坐落在夯土台基上，周围是夯土墙。

大屋顶的侧面为重点装饰部位，视觉冲击力很强，层次很多、构图丰富。

放大镜

山墙俗称"外横墙"，作用主要是防火和隔开相邻住宅。山墙主要分为人字形、镬耳形、波浪形三种，以及很多造型奇特的山墙，如保合太和宅中的"观音兜"山墙等。

人字形

人字形山墙简洁实用，建造成本低，因而运用最为广泛。

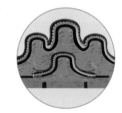

镬耳形

镬耳形山墙顶上是圆弧形的，因像铁锅的锅耳得其名。

波浪形

波浪形山墙造型起伏有致，讲究对称，起伏多为三级。

保合太和宅内有多种门窗形式，雕刻精美、色彩绚丽，大量使用金色；题材多反映当地人尚勇的传统，同时也蕴涵人文寓意。它和楼下村的其他宅院一起，成为中华乡土文化的宝贵财富。

大门、二门、后天井和厦天井的照壁上镶嵌对联和题咏，主题多为宣传"立身质直""急公好义"等儒家传统道德伦理。

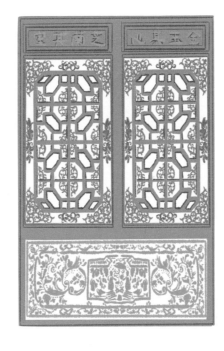

做事常思利及人

修身岂为名传世

紫竹湖宫

狮峰寺

佛陀彌　　　阿無南

广化禅林

分布区域：广东省梅州市

材料结构：土木石结构

建成年代：清末民初

主要特点：聚族而居，规模庞大

东华庐

——三堂四横一围屋

　　东华庐是广东省梅县侨乡村内一处华丽的围龙屋民居。侨乡村位于梅县区南口镇，是一个有着500多年历史的古村落，也是著名的华侨之乡。梅县居民98%以上是客家人。客家村落多为血缘村落、聚族而居，多由围龙屋大型住宅组成，建筑稀疏，没有街也没有巷，屋与屋之间是农田和果林。围龙屋多为单层，占地很大。前有半月形水塘，后有马蹄形围屋，完整性和独立性很强，相当于一座血缘村落，所以百姓也叫它"屋村"，东华庐就是其中典范。

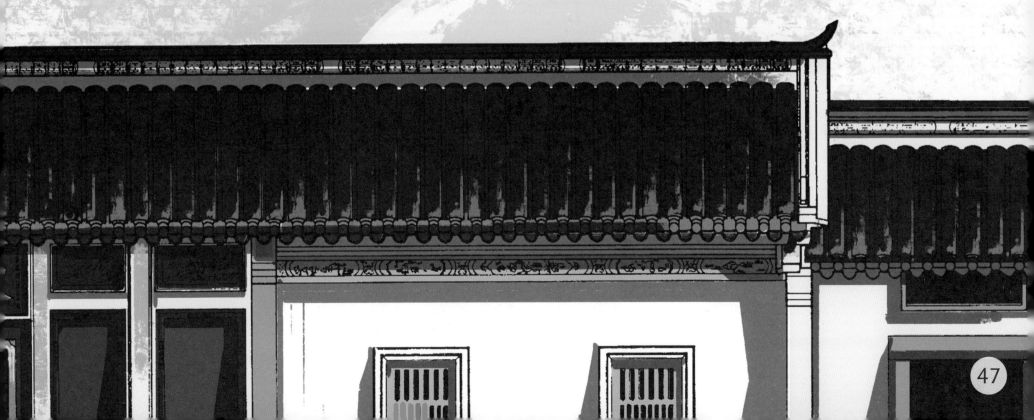

东华庐依山而建，坐西南朝东北，是典型的围龙屋住宅。它以祖堂为中心，组合成一座结构形制统一的超大型集体住宅，布局严谨规范，建筑造型独特。宅院为单层，共有12个厅、58间房，后院建有马蹄形围屋。既遵循传统，同时又吸收了西方建筑理念。

北

东华庐的主人曾接待过孙中山先生。

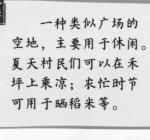

祖堂

拖水

历史人物课堂

潘植我

禾坪

一种类似广场的空地，主要用于休闲。夏天村民们可以在禾坪上乘凉；农忙时节可用于晒稻米等。

禾坪

潘植我（1885—1953年），广东梅州市梅县区南口镇寺前村人，爱国华侨、实业家、慈善家。侨居海外的潘植我，于1919年建造了东华庐。

拖水

后坡 | 前坡

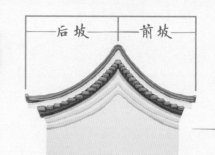

侨乡村的历史，就是一部客家人下南洋拼搏的历史，"男丁十六岁刚出洋"更是侨乡村旧时的传统。

祖堂

围龙屋中重要部位的尺寸由风水术来决定。比如，堂屋的开间以上堂最宽，堂屋房顶的后坡要长于前坡，叫作"拖水"，表示"后继有人"的意思。

东华庐不论在建筑实体还是内部空间上，都独具匠心。当地人运用壁画、石雕和木雕来装饰房屋的门廊、檐头、梁架、内墙、柱础等，廊内满壁彩画，金碧辉煌。

壁画

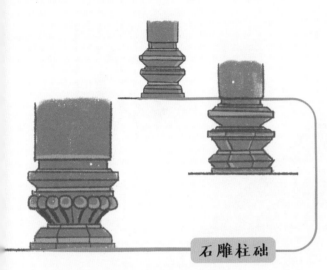

石雕柱础

木雕彩绘

放大镜

北京四合院

陕西窑洞

广西干栏式

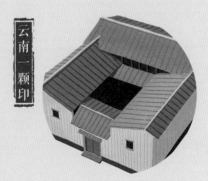

云南一颗印

围龙屋是一种极具岭南特色的客家民居建筑，客家"围龙屋"与北京"四合院"、陕西"窑洞"、广西"杆栏式"和云南"一颗印"，合称为我国最具乡土风情特色的五大传统民居建筑形式，受到中外建筑学界广泛关注。

放大镜

茶塘村是以汤姓为单一姓氏的血缘村落。汤姓于宋代从南海迁至此，立村约700年。汤字水旁，茶亦为水，塘能容之，故名"茶塘"。

汤

茶塘村2号

——民族记忆的背影

茶塘村位于广州市花都区炭步镇东南部，是以汤姓为单一姓氏的血缘村落，是镇上远近闻名的铸造大村，商业十分发达，现分为南社、中社与北社三个片区。茶塘村，乃至整个广府地区的村落，多为鱼骨式布局、列状排布。其中，茶塘村2号民居位于中社，极具特色。

分布区域：广东省广州市

材料结构：土木石结构

建成年代：元代

主要特点：历史悠久，单姓居住

炭步镇的村落布局紧凑，蜿蜒的小河由水口流入，在村落前汇聚成一个个小水塘，装饰华美的祠堂、书室便面向这些小水塘依次横向展开，构成了严整气派的村面景观。祠堂、书室之后是一列列规划整齐的住宅建筑。沿茶塘村池塘走到村头，两棵大榕树傲然屹立于村口，一棵为许愿树，一棵为探花榕，其枝干粗大，枝繁叶茂，有上百年历史。2号民居就坐落于此。

2号民居的山墙为极具广府特征的镬（huò）耳山墙，形制华丽、线条柔美，屋顶曲线饰有植物纹样。山墙下部为条石砌筑，上部为小青砖。

镬耳山墙

植物花纹

北

榕树

天井

厢房

偏厅

皆民居后檐墙。后一座民居一后院建筑，两侧向巷道大

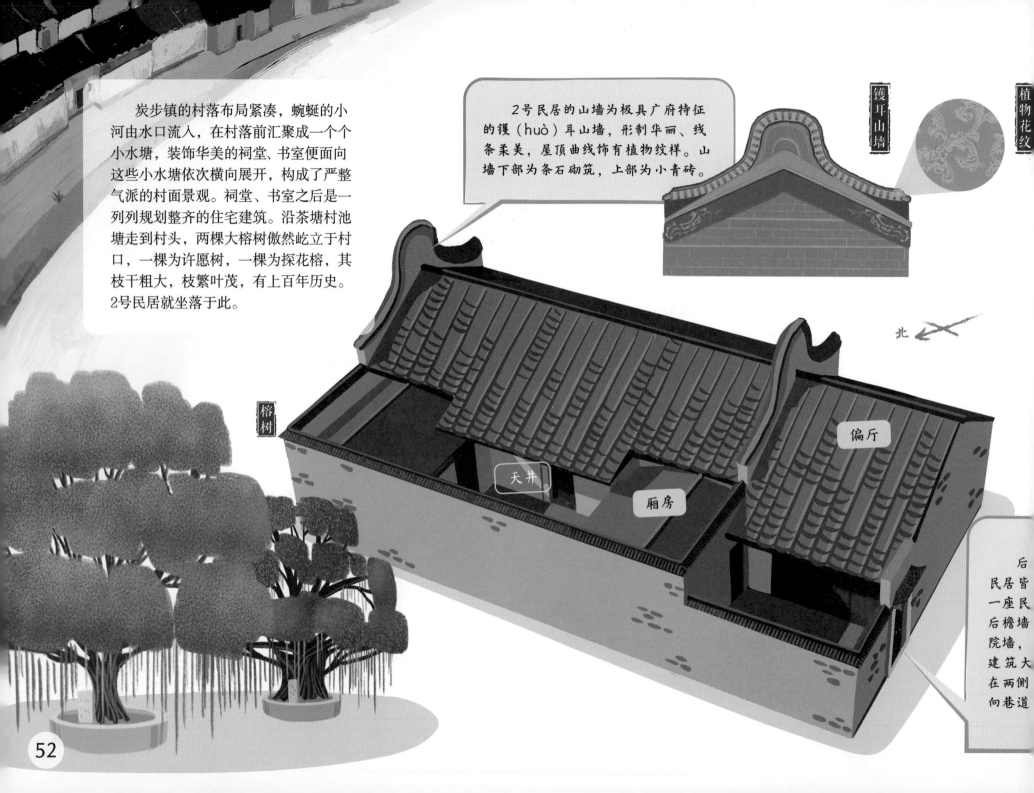

52

偏厅又称花厅，是房主人休闲娱乐、聚会养老的地方，装饰得很有格调。榻扇窗下部是栏杆式样的"槛墙"，仿佛一处别致的小阳台，极具民国风格。窗棂的节点处饰以金色的四瓣花钉，中间点缀上红色的花蕊，华丽又醒目。

偏厅门窗

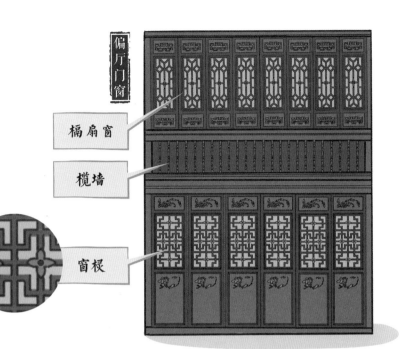

榻扇窗

槛墙

窗棂

灰塑

灰塑，又叫灰批，俗称墙身画，是岭南独具特色的建筑装饰艺术之一。灰塑的材料以石灰为主，有耐酸、耐碱、耐温等特点，适合广州炎热、潮湿的气候，被广泛应用于岭南建筑，茶塘村2号民居中也广泛使用。

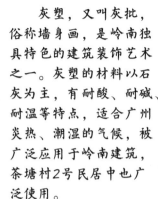

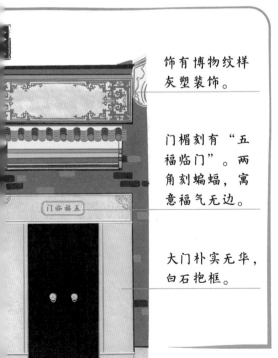

饰有博物纹样灰塑装饰。

门楣刻有"五福临门"。两角刻蝙蝠，寓意福气无边。

大门朴实无华，白石抱框。

洪圣古庙

古树古庙，是茶塘人的精神寄托。茶塘村最精美的建筑要数村子南边的洪圣古庙。花都历来多水患，所以临江河的村子就会修建洪圣古庙，并在每年的农历二月十三日洪圣诞辰之日举行祭祀活动，祈求风调雨顺、老少平安。

扫描左侧二维码
观看科普视频
聆听绘本音频
欣赏高清图片

潘纯昆宅

——依山而建，鳞次栉比

分布区域：广西壮族自治区桂林市

材料结构：纯木结构

建成年代：不详

主要特点：依山而建，鳞次栉比

龙脊十三寨位于广西壮族自治区桂林市龙胜县东部，是由龙脊、平安、马梅和金江四个行政村组成，包括二十多个自然村（寨），其中有十三个村寨颇具规模。寨子中居住着大量的壮族、瑶族和少量的汉族。村寨旁边有一条山脊像巨龙盘旋而下直到金江，古壮寨就坐落在这一山脊上，因此得名"龙脊"。村寨两旁各有一条巨大的山脊，像座椅扶手，龙脊古壮寨坐落其间，就像是坐在一把龙椅上，是难得的风水宝地。这里崇山峻岭、交通闭塞、人多地少，因此形成了以自然经济为基础的封闭村落。潘纯昆宅位于龙脊村海拔最低的平段寨。

龙脊梯田素有"梯田世界之冠"的美誉，以磅礴气势、流动线条、变幻神韵和民俗风情享誉中外。

新娘过河

五六次河，跨过三四座桥。有20多公里的山路，却要涉水过流行于桂北地区的壮族婚俗。只

潘纯昆宅依山而建，建筑布局与山体紧密结合，坐北朝南，平面呈 L 形，由住宅主体和横屋组成。

龙脊人民充分利用当地丰富的石材，创造出独特的壮族石文化。村寨内有一系列内容丰富、形式多样的石碑刻，可谓"三步一石，五步一刻，十步一碑"。因此，精美的石刻是特色之一。

风雨桥著名石刻

"三鱼共首"一个寓意是廖、侯、潘三姓的和谐团结，更深一层的寓意是壮、瑶、侗三族的和谐团结。

最深层的寓意是道家"一生二，二生三，三生万物"思想的体现，包含人类宇宙最基本的规律，即：天、地、人和谐。

北

横屋

主体

三层是阁楼，主要存放杂物，有爬梯以供上下。

二层层高较高，是全家人居生活的主要场所，内部用木墙围合并分隔空间。

横屋下层中空，曲折的石板路由西至东穿过于此，将四开间的横屋分隔为南北两部分，人们可由此处通过，因此，二层也被称为"过街楼"。

建筑主体一层是牛栏和猪圈，比较低矮，内部无板壁分隔，是一个统一开敞的大空间。

主体二层挑出约 0.5 ~ 0.6 米的走廊，走廊下装饰有垂柱，垂柱不落地。

垂柱

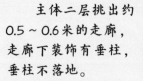

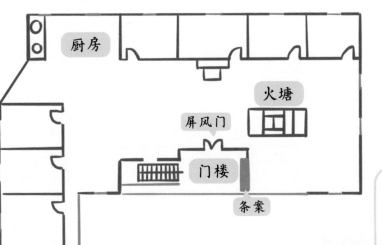

厨房

火塘

屏风门

门楼

条案

番屯毛宅二层平面图

龙脊的民族工艺品主要以瑶族的手工刺绣、蜡染、银器为主，几乎家家都有卖，做工精致。

条案

沿楼梯而上是门楼，正对楼梯的墙面下摆放条案，左转是屏风门。

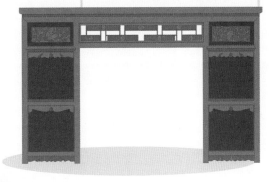

银饰叮当帽

手工绣球

茶叶

龙脊茶叶在清朝是贡品。

大门

大门装饰华丽，双扇门的上部刻有浮雕对联。

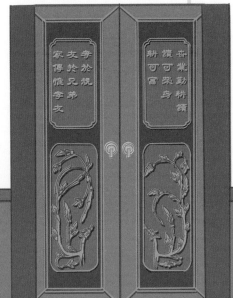

岳崇勤耕
读可荣身
耕可富

孝於视
友於兄弟
家传惟字文

快来一起解锁龙脊四宝！

辣椒

龙脊辣椒有一股浓烈独特的香味，皮厚子小，辣味适中。

水酒

龙脊四宝

香糯

龙脊香糯酿成的龙脊水酒香甜可口，素有"龙胜茅台"之称。

吊脚楼

——古老的干栏式遗风建筑

吊脚楼位于贵州省雷山县格头村。贵州是一个多民族共居的省份，世居于此的民族共有18个。格头村位于黔东南雷山县方祥乡雷公山自然保护区核心腹地，是一个苗族村落。从格头村苗寨祖先定居算起，建村至今已有五六百年。村落海拔1015米，村中共有吊脚楼140座，民族风情浓厚淳朴。

分布区域：贵州省雷山县

材料结构：竹木结构

建成年代：晚清时期

主要特点：民风淳朴、经久不衰

58

这是一座典型的吊脚楼民居，面朝溪岸旁的主路。这种形制的房屋，便于通风，占地面积小，优于其他建筑形制，因此得以在当地长期沿袭，经久不衰。建筑主体三开间，共三层，分为堂屋、耳房和杂房。位于三层的房间相对二层要低矮一些，顶部屋檐非常大，因此三层采光也会稍差，一般作为晚辈居所。二层一侧的次间设置吊脚楼最具特色的部分——美人靠。

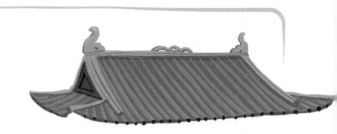

歇山顶

主体三开间，共三层，采用歇山屋顶。

美人靠是苗族少女谈婚论嫁的重要场所，少女们倚靠栏杆，唱着山歌，而小伙子会在屋外与心仪的姑娘对歌。

美人靠

堂屋

耳房

杂房

二层一侧靠山设有耳房，采用简单的单坡硬山屋顶。

硬山顶

一层主要为杂房，用于蓄养牲畜，堆放农具等，并不住人。

枫香树

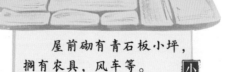

屋前砌有青石板小坪，搁有农具，风车等。

小坪

二层当心间为堂屋，相当于起居室，共设六扇窗，采光通风俱佳。堂屋内除了在高处摆设传统的神龛，还有供全家团聚烤火的火塘。

火塘

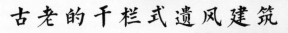

芦笙舞

众的尊敬和爱戴。芦笙手和芦笙队，都深受群凡是在演奏和舞技上出众的芦笙舞是种传统民间舞蹈，

蜡染

大印花技艺。并称为我国古代三夹缬（镂空印花）与绞缬（扎染）、蜡染，古称蜡缬，

格头村气候温和、雨量充沛，有成片的国家一级保护植物秃杉林区。村名中的"格头"二字，苗语称"甘丢"，意为"住在秃杉枝条下的人家"。格头村民视秃杉为庇佑村寨安宁和村民安康的护寨树。

放大镜

秃杉

水车

水田间建有水车，这种古老的提水灌溉工具，又叫"天车"。

编封

苗族民居的材质因地制宜，主体采用木结构。建筑两侧山墙则常用竹子编封，外糊泥墙。屋前后栽有凤尾竹、枫香树或芭蕉林，绿意盈窗。

风雨桥

风雨桥又称花桥、福桥，整体由桥、塔、亭组成，是侗族独有的桥，不仅连接交通，且可避风雨，因而得名。

凤尾树

芭蕉林

秃杉王

阿者科16号

——江河—森林—村寨—梯田

阿者科村位于云南省东南部红河哈尼族彝族自治州元阳县，著名的"世界遗产"红河哈尼梯田就位于红河州的元阳、红河、金平和绿春四县。阿者科村坐落于哈尼梯田的核心区域，哀牢山的半山腰。这里云雾缭绕、空气清新，有着原始生态环境的纯净与生命力。阿者科村建于清朝初期，是一座哈尼族聚居的传统村落。数百年来，哈尼人在与大自然的磨合共生中，逐渐创造出"江河—森林—村寨—梯田"四元素同构的原始农业生态循环系统。

分布区域：云南省红河哈尼族彝族自治州

材料结构：砖木石结构

建成年代：不详

主要特点：蘑菇屋顶，生态自然

十月年

地、祖先。春糯米粑等，祭祀天各家各户杀猪杀鸡，族的春节，节日期间丰富的节日，类似汉中时间最长，活动最十月年是哈尼族一年

祭寨神林

人畜平安。求来年风调雨顺，五谷丰登，始前举行的一种祭祀活动，祈祭寨神林是哈尼族每年春耕开

63

阿者科村16号住宅是一座典型的三层"蘑菇房"，高高隆起的茅草顶是蘑菇房的一大标志。它坐南朝北，南侧是主体建筑，北侧是附属用房，沿着建筑西北侧的石板小路可来到建筑的正前方。院子围墙由朴拙的大块毛石砌筑，围墙同时也兼作猪圈。穿过猪圈是附属用房，用于蓄养牲畜，主体建筑位于附属用房之后。这是蘑菇房独特的建筑结构。

毛石

阿者科是电影《无问西东》的取景地之一。

竹篱笆样式的小门，供人进出。

主体建筑

附属用房

晒台

厕所

北

晒台

附属用房

晒台南侧还有一架小梯，紧贴着建筑的西山墙侧，循这部楼梯可直接由一层通向二层的晒台。

石板小路

电影《无问西东》中场景

靠近小路一侧有沼气池，旁边有小厕所。

晒台

建筑一层的西北角空间比较独立，无法穿过其中而进入到主体建筑。晒台就是一层建筑的屋顶。

阿者科16号二层平面图

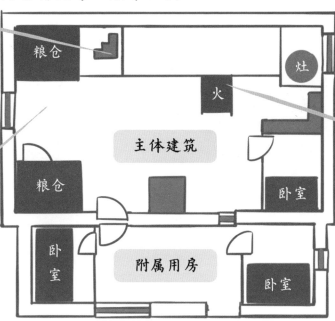

东侧架有一部木楼梯通往二三层。

东北角和东南角有两个粮仓，中间留有宽敞的过道，开有窗户供采光和通风。

粮仓

粮仓

灶

火

主体建筑

卧室

附属用房

卧室

卧室

火塘

中间的开敞空间置火塘，作为全家人生活起居，围炉夜话的核心场所。

火塘也被赋予了精神信仰方面的意义。

🔍 放大镜

当地降水较多、大山险峻，因此水土流失较为严重。森林在这里含蓄水源、保护水土，对生态环境起着非常重要的作用。哈尼人的祖先来到这里，顺应自然环境，在山上开垦出一层层的梯田，把自己的村子建在山上流淌而下的溪流泉水旁边，建在梯田上方、山顶森林的下方。高处的森林保护了水源，位于山腰的村子也不会受到山洪的威胁，还可以获取清洁的河水，而在村子下方的梯田，则可以蓄留河水浇灌田地，发展农业。

生态系统

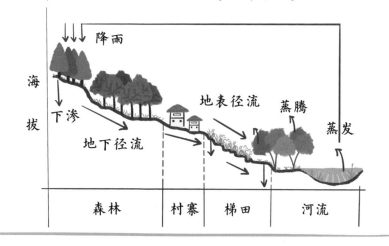

降雨

海拔

下渗

地下径流

地表径流

蒸腾

蒸发

森林　村寨　梯田　河流

扎扎节

容丰富。在6月24日前后，内含『六月年』之称，约的意思。此节又有谷丰登、人畜康泰哈尼语里是『预祝五的传统节日，扎扎在扎扎节是哈尼族同胞

65

一颗印孟宅

——独门独户，高墙小窗

云南省是我国民族种类最多的地区，其中包括彝族、白族、哈尼族等26个民族。云南汉族大部分都是明代或明代以后南迁而来，在漫长的历史进程中，汉族人民在云南这片多元化且极具包容力的土地上落地生根，与云南的各族人民友善相处，在生活习俗、民族文化等方方面面相互融合。

"一颗印"民居便是云南昆明地区典型的汉族民居，占地小、适应性强。主要形式有"三间两耳""三间四耳""五间四耳"等。

分布区域：云南省昆明市
材料结构：砖石木结构
建成年代：清代
主要特点：中轴对称，内向封闭

66

"一颗印"民居是由汉、彝先民共同创造，最早在昆明地区流行起来的。虽然形式不同，但是基本构成要素不变，从前至后依次为倒座、天井、天井两侧的耳房（厢房）、正房和其他附属的辅助空间。孟宅为"一颗印"民居的典型模式——"三间四耳"，即正房三间，正房前左右两侧各有两间耳房。大门所在的倒座为整座建筑中最矮的建筑，其次为两侧耳房，正房最高，错落有致、对称严整。

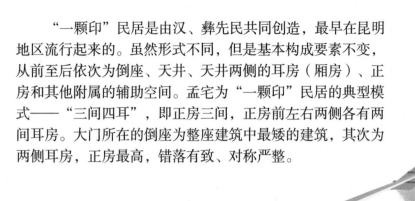

正房

耳房

抱厦

天井

耳房

倒座

北

耳房屋顶，为不对称的硬山式，分长短坡，长坡向内院，在外墙外作一个小转折成短坡向墙外。可提升外墙高度，有利于防风、防火、防盗。

外墙上部为砖石砌筑，细密严整，或采用泥土夯实，封闭坚

抱厦

一颗印民居天井狭小，正房、耳房面向天井均挑出腰檐，正房腰檐称"大抱厦"，耳房腰檐和门廊腰檐称"小抱厦"。大小厦连通，便于雨天穿行。

外墙底部以毛石垒砌，坚固古朴。

水井

正立面

建筑中轴对称，高墙大门、内向封闭等建筑形式与空间内涵体现着汉民族儒家伦理思想的文化内核。

一层堂屋常作客厅使用，是全家人生活起居的公共空间与接待宾客的地方。左右两间正房一般作为长辈卧室，两间耳房常作为晚辈的卧室。倒座两旁的耳房是厨房。二层一般不住人，作为储存粮食或堆放杂物的地方。

昆明地区的"一颗印"民居，其瓦当独具特色，图案多样，常见为花草纹，几何纹，动物纹、汉字纹、回纹等。

一层平面图

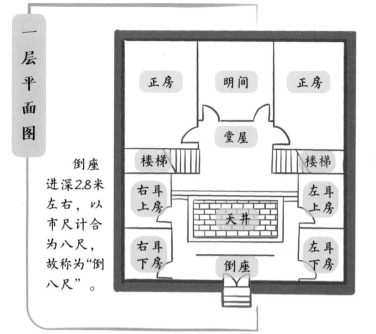

倒座进深2.8米左右，以市尺计合为八尺，故称为"倒八尺"。

正房　明间　正房

堂屋

楼梯　　楼梯

右耳上房　左耳上房

右耳下房　左耳下房

天井

倒座

瓦当

瓦当：屋面上覆盖瓦缝的筒瓦最下面的一块圆形端头装饰，也称"勾头"。

一颗印的室内空间为"穿斗式"的梁架体系，各构件采用"榫卯方式"连接。

榫卯结构

榫卯是中国古代建筑、家具及其他木制器械的主要结构方式。它是在两个木构件上所采用的一种凹凸结合的连接方式。凸出部分叫榫；凹进部分叫卯，榫和卯咬合，起到连接作用。

抬梁式

抬梁式是柱子将梁抬起，梁承托檩条。

穿斗式

穿斗式是柱子直接承托檩条。

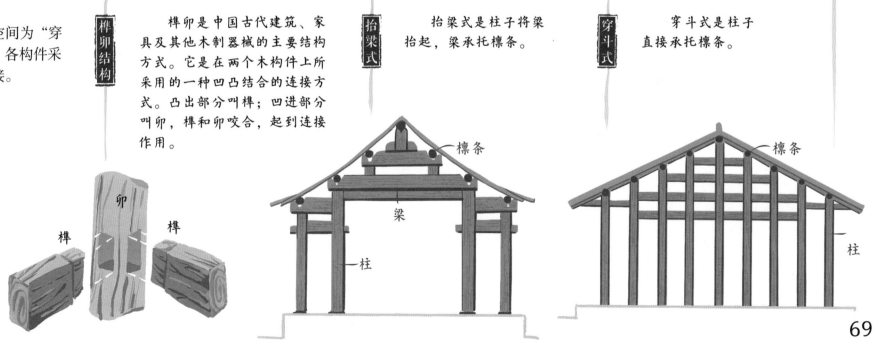

卯

榫　榫

檩条

梁

柱

檩条

柱

大鸿米店

——百年米店阅尽人间春秋冬夏

合江县位于川渝黔结合地带，四川盆地的南缘，尧坝位于合江县西部山地与丘谷过渡的小盆地中。尧坝古镇至今已有2000多年历史，是川黔交通要道上的重要驿站，是古江阳到夜郎国的必经之路，素有"川黔走廊"之称。尧坝古镇依山傍水、高低错落。其中建筑保存完整，大多是典型的川南民居四合院的风格。

分布区域：四川省泸州市

材料结构：砖木结构

建成年代：清代

主要特点：前店后宅

尧坝街上的李姓人家为酿酒大户，一共有三座酒房，分别称为大糟房、二糟房和三糟房，其中大糟房就是现在的大鸿米店。

大鸿米店为清嘉庆年间武进士李跃龙所建，为古镇标志性建筑，是一座典型四合院，面阔五间，坐西朝东，占地约800平方米，为江南风格的全木质建筑。大鸿米店上下两层，坐落在高高的台阶之上，十分气派。其正立面是典型的商铺门脸，中间三间均以木板门进行围合，白天营业时则全部敞开，木板壁上还装饰花纹，左右两次间在环形的花纹内写有"寿"字。

山

寿

天井

稍间 次间 明间 次间 稍间

次间外两侧为稍间，白粉墙面，各开两扇槅扇门。

水式山墙

建筑两侧山墙类似于水式山墙，像扁扁的"山"字形，层层跌落为五段圆弧状，在山墙的顶部还覆有窄窄的灰色的瓦面，造型灵动柔和，将大鸿米店与两侧的建筑分隔开来。

二层当心间中间位置高高悬挂起"大鸿米店"的匾额，屋顶高出两侧房间，主次分明，一目了然。

二层左右次间各开四扇格栅窗，窗子下部以深色木板壁围合，像阳台一样向前挑出。在一层立面用斜撑来支撑挑出部分，两侧有垂莲柱。

大鸿米店

宅子二层天井处建有一圈跑马廊，由多根立柱支撑，柱头两侧装饰的雀替，形制华美，线条流动，雕刻精致，极具装饰效果。围合廊子的木栏杆灵动通透，富丽堂皇。

跑马廊

跑马廊侧立面

尧坝特色

黄粑

黄粑的历史，据说可以追溯到三国时期，当地人对它情有独钟，色泽黄润，且味道甘甜香软。

红汤羊肉

尧坝的红汤羊肉，口感软烂、香辣入味。

黑豆花

当地特色黑豆花不软不硬，蘸上料汁，或麻辣，或清香，令人回味无穷。

油纸伞

油纸伞在尧坝古镇有着四百多年制作历史，随处可见。

🔍 放大镜

慈云寺位于古镇的中心地带，为典型的川南民俗性宗教建筑，是镇上唯一的一座庙宇。古镇附近的善男信女们都来此处烧香许愿、求神拜佛。

慈云寺

圆拱造型利于
抵抗台风的侵袭。

西侧相对封闭，
兼有卧室的功能。

居室

东侧较为开放。

北

前廊

架空的结构有利于
防湿、防瘴、防雨。

船形屋

——黎族的独特发明

　　船形屋位于海南省琼中南五指山市毛阳镇北部的毛栈村，这里是海南黎族的聚居地之一。船形屋由倒扣的船演变而来，是黎族最古老的民居。古代的黎族同胞曾经以捕鱼为生，常年在海上漂泊，以船为家。陆地上的生活虽然短暂，但是仍旧需要在岸上有容身之处，智慧的黎族人民便直接将船倒扣在屋子上作屋顶，这样既建造方便又能遮风避雨，久而久之就形成了这种风格独特的建筑。

分布区域：海南省琼中南五指山市

材料结构：竹木结构

建成年代：不详

主要特点：就地取材，风格独特

毛阳镇毛栈村的黎族民居属于矮脚船形屋。由前廊、居室和后部的杂用房三部分组成。居室虽被墙体分隔，但从功能方面来讲为一个整体，烧水煮饭、待客起居皆在这一方小小的空间之中。村民于居室内设置一个三石灶用于做饭，放在小土台上或敷有泥巴的方形木板上，也是船形屋的特色之一。

建筑平面也是类似于船底的形状。

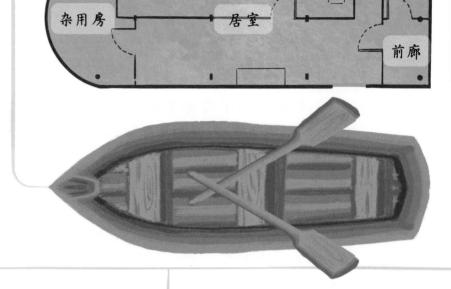

船形屋布局

居室

杂用房

前廊

在传统的黎族村落中，随处可见身着传统服饰筒裙的村民，结伴在树荫下扎染织锦、编织竹席、制作陶器木器。

用三块大石头垒成的灶台，上面放器皿，用以加热食物。

三石灶

船形屋三种类型

高脚船形屋，建筑底层架空，仿佛吊脚楼一般，底层往往高于地面1.6～2米，以竹木围合，下畜上人，布置简易木楼梯供人上下出入。

矮脚船形屋与高脚船形屋形制相似，同样建筑底层高于地坪，但矮脚船形屋仅高出地坪0.3～0.5米，底层也无法圈养牲畜。

地居式船形屋则是去掉了栏脚，直接于地面上建造房屋，并且学习汉族人造床而居的生活方式，以避免地面湿气侵袭。

随着时间推移，一些船形屋逐渐被金字屋取代，"隆闺"就属于造型完善的金字屋。按照黎族的习惯，儿女到13～15岁便不能再与父母同住一个屋子里，男孩要自己上山砍木料盖房屋，女孩则由父母帮助在父母住房附近盖"隆闺"，表示儿女已长大成人，可以自由交往恋爱了。

隆闺

隆闺：在黎语中是指不设灶的房子。男孩子住的叫"兄弟隆闺"，女孩子住的叫"姐妹隆闺"。

泥条盘筑

黎族的制陶工艺是新石器时代的遗存，一般由母亲传授给女儿，传女不传男。以泥条盘筑的古老方法所制三石灶上的器皿，正是黎族的陶罐。

织锦

一直沿用至今。于新石器时代，在黎族妇女用的踞腰织机产生的历史，有超过3000年，纺织史上的『活化石』，黎族纺织技术堪称中国

陈宅位于台湾澎湖二崁村六号，是第一大离岛群澎湖列岛中最为典型和华丽的住宅，创建于1911年，历时两年修建完成。

二崁村在澎湖列岛以西，岛上公路交通完善，属西兴乡。二崁村建筑群的形成经历了长达200余年的发展和扩充，完全是由陈氏家族形成的血缘型聚落。

陈宅

——集中西特色于一体的台湾民

分布区域：台湾省澎湖县

材料结构：土木石结构

建成年代：清代

主要特点：就地取材，中西合璧

陈宅为三进的平面格局，总面宽为12.1米，进深30.7米，坐北朝南。在纵轴线上分别坐落有门厅、中厅和正厅三个主要建筑空间，中间为天井过渡空间，虚实交替，属于纵深狭长的传统合院式院落形态。

陈宅外观风格特殊，既融合了闽南建筑和澎湖地方建筑的特色，又体现出西洋样式的特征。并且，为了抵御台风侵袭和海水湿气，房屋整体较矮、格局封闭，外墙色调灰暗。

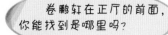
卷鹏轩在正厅的前面，你能找到是哪里吗？

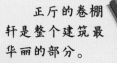
正厅的卷棚轩是整个建筑最华丽的部分。

二进和三进的中厅和正厅无论在材料还是形制上都属于传统的闽南风格，硬山马背的屋面造型与四合院式的格局，都属于澎湖传统地方民居的类型。

正厅

卷鹏轩

厢房

三进

中厅

厢房

二进

北

一进门厅

大门雕饰

念纪郑岭

陈宅的建筑多以墙体承重，外墙厚达42厘米。当地人就地取材，用玄武岩石做墙基，咾咕石做院墙，修建出的建筑独具特色，美观漂亮。

位于一进的门厅空间，虽然属于合院式的格局形态，但其洗石子的矮墙、半圆形的门楣与雕饰等，显然是受到了西洋风格的影响。

咾咕石是珊瑚礁的化石，在澎湖随手可得。

咾咕石

玄武岩

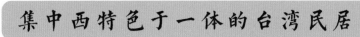

陈宅的装饰美轮美奂，从精美的窗户到吉祥的图案，由外到内表现出从简到繁的手法。装饰的素材包括鹤鹿同春、童子牧牛、老农忠狗、琴棋书画、奇珍异果等图案，以示教化。

童子牧牛

琴棋书画

鹤鹿同春

福寿彩绘
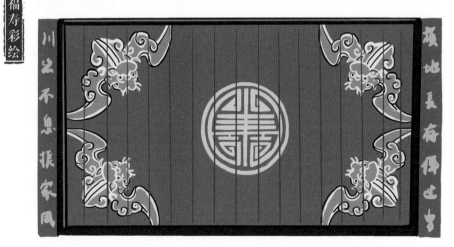

本 书 特 别 配 有 线 上 阅 读 资 源

● **科普视频**　观看讲解视频，了解中国人的家背后的历史、地理、文化等知识。

● **绘本伴读**　聆听绘本音频，忙碌的家长再也不用担心没时间给孩子讲故事了。

● **精美图片**　附赠高清原图，可将其设置为桌面，随时随地领略传统民居之美。

资 源 获 取 步 骤

1. 扫描下方二维码。

2. 注册出版社会员。

3. 选择您需要的资源，点击获取。

线 上 问 答

1. 扫描下方二维码

2. 关注小鱼科普公众号。

3. 在后台提出您想咨询的问题。

4. 本书创作团队为您详细解答。